Der Autor versucht die Entstehung und Zukunft des Kosmos nicht über die Mathematik zu erklären, die häufig für den Normalbürger in diesem Ausmaß nicht zu verstehen ist. Er braucht für seine Theorie nur wenige Begriffe, die uns im Wesentlichen bekannt sind, um eine Konstruktion des Weltalls auf der Zeitachse aufzubauen. Sein erstes Postulat besteht darin, dass es keine Singularität gibt. Eine Singularität ist ein in sich abgeschlossenes System, das keine Beziehung nach außen hat. Wie sollen sich denn Dinge entwickeln, wenn sie keinen Kontakt zur Umwelt haben? Somit muss der erste Schöpfungsakt eine Aufteilung der Energie als Grundsubstanz in viele kleine Teile sein. Max Planck hat sie als winzig kleine Pakete beschrieben, die nach ihm benannten Planckschen Wirkungsquanten. Diese Quanten sind miteinander rückgekoppelt, das heißt, sie sind mehr oder weniger und wechselhaft zueinander verbunden. Der zweite große Akt der Schöpfung ist also die Rückkopplung und mit dieser die Möglichkeit der Programmierung. Wenn wir etwas Kreatives tun, schaffen wir ein Programm, das auf der Zeitachse mehr oder weniger lange erhalten bleibt.

Günter Linzenich

Dem Schöpfer

über

die

Schulter

geschaut

Versuch einer vereinheitlichten

Theorie

© 2007 Dr. Günter Linzenich,
Herstellung und Verlag: Books on Demand GmbH, Norderstedt,
ALLE Rechte vorbehalten
ISBN 978-3-8334-7259-6

Ganz großen Dank allen Forschern und Lehrern, die mir die Grundlagen für meine Ausführungen gaben. Ohne sie hätten meine Gedanken und ihre Folgerungen keinen fruchtbaren Boden gefunden.

Vorwort

Keine Angst vor Mathematik, Physik oder Chemie. Sie brauchen sie nicht, zumindest fast nicht. Warum es so ist, wie es ist, werden Sie gleich erkennen. Es ist nur eine Sache der Logik und die haben Sie ja. Wenn Sie Begriffe nicht verstehen, Sie werden den Gesamtzusammenhang nicht verlieren. Die wichtigsten Begriffe werden im Anhang auch noch mal beschrieben. Sollten Sie sehr neugierig sein, Sie haben sicher einen Lehrer für naturwissenschaftliche Fächer in Ihrem Freundes- oder Bekanntenkreis, der Ihnen dann ein wenig unter die Arme greifen kann, denn diese Begriffe sind Teil seines Ausbildungsprogramms für Lehramtskandidaten. Sie brauchen jedoch wirklich nur einen gesunden Menschenverstand mit etwas Logik, selbst wenn Ihnen Physik in der Schule ein Gräuel war. Warum war es Ihnen ein Gräuel? Sie mussten schwerverständliche Probleme erkennen und lösen mit Hilfe komplizierter mathematischer Formeln. Das brauchen Sie hier nicht. Dafür werden Sie auf der nächsten Party mit Wissen glänzen, obwohl doch jeder weiß, dass hier niemals Ihre Stärke lag. Natürlich ist die nachfolgend beschriebene Theorie nicht spannend wie ein Krimi, aber dafür auch nur kurz und einfach, und Sie bewegen sich auf einem Niveau mit Größen wie Einstein und dem bekannten Forscher Hawking, der nicht zuletzt auch durch seine Krankheit, Aufsehen erregte.

Was versteht man unter einer „Vereinheitlichten Theorie", um die es hier geht? Es ist seit jeher der Traum aller Forscher, eine Theorie zu finden, mit der man alles erklären kann.

Newton war einer der Großen, auf den ein ganz erheblicher Teil unseres Wissens beruht. Nun aber erkannte der Mensch den Elektromagnetismus und der Schotte Maxwell schuf die dazu gehörigen mathematischen Formeln. Aber die Theorien beider ließen sich nicht unter einen Hut bringen. Wie könnte der Oberbegriff für alles sein, an dem auch Hawking immer noch arbeitet. Wenn Sie die nachfolgende Theorie gelesen haben, werden Sie es erkennen.

Schauen wir mal. Sie werden staunen, was Sie alles verstehen und im Unterbewusstsein schon alles gewusst haben, da es vor Ihren Augen abgelaufen ist. Jeder von uns weiß, was Länge, Breite und Höhe ist und auch den Begriff Zeit glaubt jeder zu verstehen. Na ja, ein Bisschen mehr brauchen Sie dann doch. Einen Schöpfer, der das Material, das Wissen und die Zeit mitbringt.. Aber das brauchen Sie bei jeder anderen Theorie auch. Für Ihren Bedarf reicht Erkenntnis ohne mühevoll rechnen zu müssen. Forscher brauchen natürlich mehr, um Einzelheiten zu erkennen und zu verknüpfen. Für ihren Einsatz sollten wir uns bedanken. Aber deren Berechnungen enthalten unvermeidbare kleine Fehler, wie Sie später sehen werden.

Versuchen Sie mal, Dinge des Alltags auf diese Weise zu verstehen. Es kann ein richtiges, dazu noch kostenfreies Hobby werden, manchmal sogar eine Sucht. Schlau sein bringt immer Vorteile und auch noch Spaß, wenn Sie besser sind als Ihr Nachbar.

Viel Spaß!

Versuch einer vereinheitlichten Theorie

oder

Warum die Mathematik dieses Problem nicht lösen kann.

Hypothese 1

Es muss durch einen Schöpfungsakt ein Grundelement geben, das wir Energie nennen, aus dem sich die Entstehung des ganzen Kosmos ableiten lässt.

Hypothese 2

Alle Energie ist gequantelt, also in winzig kleine Pakete aufgeteilt. Die Quantelung (1) ist Grundvoraussetzung für die Bildung von Entitäten(3). Sie ist gleichzeitig die Grundlage für Programmierung (7) und schafft die Möglichkeit unendlich vieler Variationen.

Hypothese 3

Es kann keine Singularität geben, alles muss miteinander

rückgekoppelt sein, sonst könnte es kein Ordnungssystem geben und auf der Zeitachse erhalten bleiben, wenn auch unterschiedlich lange. Der ganze Kosmos muss daher ein offenes System (2) sein. Mit nur einer einzigen Singularität würde die ganze Hypothese zusammenbrechen.

Hypothese 4

Jedes Quant lässt sich durch die drei Raumkomponenten auf der Zeitachse beschreiben. Da jedes Quant ein offenes System ist, können sich die Energiewerte insgesamt und auf den drei Raumachsen je nach Rückkopplung (5) in jedem Augenblick auf dem Pfeil der Zeit (4) ändern.

Hypothese 5

Jedes Quant besteht aus einem Kern mit starker Rückkopplung und einer umgebenden schwächeren Rückkopplung, wobei ein erheblicher Energiesprung zwischen „Kern" und „Hülle" besteht (siehe Atomaufbau).

Hypothese 6

Nach dem 2. Hauptsatz der Thermodynamik fließt Energie immer vom höheren Potential zum niedrigeren bis ein Gleichgewicht erreicht ist. Dabei baut sich das niedrigere Potential entsprechend auf. Da sich nach dem Urknall der Kosmos immer weiter ausdehnt (Rotverschiebung), das heißt, dass die Dichte des Raumes ständig abnimmt und damit auch die Rückkopplung zwischen den einzelnen Entitäten, müsste, um das Gleichgewicht zu erhalten, neue Energie aus anderen Energiekonzentrationen frei werden zum Beispiel durch Fusion oder Energie aus anderen Rückkopplungen.

Hypothese 7

Da alles miteinander rückgekoppelt ist, kann es kein Vakuum geben. Der Raum ist erfüllt von Energie oder Materie nach Einsteins $E = mc^2$. Hier finden sich die 96 % vermisster dunkler Energie und dunkler Materie, die mit ihrer jeweiligen Umgebung im Gleichgewicht sind. Nach dem Dualismus von Teilchen und Welle können Wellen interferieren und mathematisch als null erscheinen. Wenn die vereinheitlichte Theorie stimmen soll und sich aus dem Produkt der drei Raumkomponenten mit der Zeitachse erklären lässt, kann es weder 0 % noch 100 % für eine der vier Achsen geben.

Zu den 7 Hypothesen sollen nun insgesamt Erläuterungen folgen, nicht jeweils auf die einzelne Hypothese bezogen, da sich die Erklärungen naturgemäß überschneiden.

Zunächst einmal meine Behauptung, dass die Mathematik das Problem einer vereinheitlichten Theorie nicht lösen kann. Die Mathematik rechnet nur exakt mit Singularitäten. Da es aber keine Singularitäten gibt, da alles miteinander rückgekoppelt ist, kann es nur ungenaue Quasilösungen geben. Newton hat dieses Problem bereits erkannt, dass bei einem mehr als Zweikörpersystem nur Näherungswerte zu erzielen sind, die er durch die Differentialrechnung zu minimieren versuchte. Alleine schon durch die Definition des Begriffs Zahl, durch Primzahlen, Pi oder unvermeidbare Rundungsfehler des Computers wird das Ergebnis noch weiter verfälscht. Heisenbergs Unbestimmtheitsprinzip wurde zunächst nur als Umrechnungsfaktor betrachtet. Da es sich außerdem noch um eine imaginäre Zahl handelt, bleibt auch hier wieder eine Ungenauigkeit. Als sich durch Verhulst die Iteration etablierte und damit die Rückkopplungsidee in die Wissenschaft einzog, schien eine neue Ära aufzublühen, die durch den Computer erst richtig ermöglicht wurde. Da die Ergebnisse aber, gleich wie viele Stellen der Computer hinter dem Komma auch errechnet, es bleibt ein Rundungsfehler. Aus der Chaostheorie wissen wir, wie sich solche Fehler aufblähen können. Ein weiteres Problem, was die Mathematik auch nicht lösen kann, sind die Vektorwerte der Rückkopplungsenergien auf den drei Raumachsen einschließlich der Rotation bei jeder noch so kleinen Entität. Spätestens mit der Quantentheorie musste man von der quantitativen zur qualitativen Sicht übergehen.

 Eine vereinheitlichte Theorie lässt sich nur über die Vernunft aufbauen, wobei man sich bewusst sein muss, dass unser Denken nicht ohne Fehler sein kann. Daher sollte jeder Gedanke immer wieder in Frage gestellt werden, wie der Physiker und Philosoph Karl R. Popper es fordert.

 Ich werde versuchen, mit meiner Theorie aus den vorhandenen Erkenntnissen großen Forschergeistes und

Forscherschweißes, eine neue Gewichtung zu erstellen, mit der sich alles erklären, wenn auch nicht beweisen lässt.

Da jede Theorie von Menschen entwickelt wird, ist sie auch an unseren Geist und dessen Erkenntnisfähigkeit gebunden. Unsere Sinnesorgane geben uns aber immer nur Ausschnitte wieder, Frequenzbereiche der einzelnen Sinnesorgane mit nur grober Auflösung. Das ist auch sinnvoll. Würden wir alle Entitäten erkennen, würde unser Gehirn eine solche Reizüberflutung zu verarbeiten haben, die aus der Kenntnis der Reizleitungszeit der Nerven zur empfangenen Raum-Zeit-Änderung nicht möglich ist. Gedankenbilder, die über längere Zeit erhalten bleiben, lassen sich aber in Beziehung setzen, um so Denkvorgänge zu erstellen und weiterzuleiten. Sind keine Differenzen da, können wir nichts wahrnehmen. Unsere Logik sagt uns, dass es zu jeder Schöpfung einen Schöpfer geben muss, was immer wir darunter verstehen, verstehen wollen oder gezwungen werden zu verstehen. Ohne dieses Wesen gibt es kein Kosmosverständnis.

Aber nach welchen Gesetzen ist die Entwicklung des Universums erfolgt? Viele Gesetze sind relativ leicht zu erkennen, andere nicht und wir neigen dann gerne dazu, manches als chaotisch zu bezeichnen. Chaotisch ist es aber doch nur, weil wir durch die Vielfalt, die Sinnfälligkeit nicht erkennen. Die Chaostheorie zeigt aber auch hier Ordnung auf anderen Ebenen. Alles ist rückgekoppelt. Rückkopplung bedeutet Ordnung, wenn auch nicht im euklidischen Sinn, zu dem unsere Wahrnehmung neigt.

Mein Versuch der Vereinheitlichung geht bis auf die Ebene

der Quantelung zurück. Was ab da passiert, ist nichts anderes als Programmierung der Quantenenergie auf die drei Raumkomponenten in der Zeit. Einsteins großer genialer Streich war, die Zeit als vierte Dimension mit ins Boot zu nehmen. Damit reihte er die ständige Energieverschiebung auf den Raumachsen auf eine Zeitachse wie Perlen auf eine Schnur, was auch erklärt, warum die Zeit einen Pfeil haben muss. Rückwärts kann es nicht gehen, wie man früher glaubte (Reduktionismus).

Wie kann man nun ein einzelnes Quant beschreiben. Stellen wir uns seine Energieverteilung auf einem Koordinatensystem x, y, z vor. Jedes Quant hat einen starken inneren Kern mit einer schwächeren umgebenden äußeren rückkoppelnden Hüllenenergie. Die Erklärung hierfür wird später im Zusammenhang mit Darwins Evolutionstheorie erläutert werden. Kern und Hülle sind natürlich auch miteinander rückgekoppelt. Da ein Quant ein offenes System ist, kann es in einem gewissen Maße insgesamt proportional auf alle drei Raumachsen Energie aufnehmen oder abgeben. Es kann aber auch je nach umgebender Rückkopplung die Energie auf die drei Raumachsen verschieden verteilen. Ist die Rückkopplung zu den Nachbarentitäten in alle drei Raumachsen gleich, so wird das Quant die Form einer Quasikugel annehmen, was bedeutet, dass es auch gleichzeitig eine gewisse Quasistabilität erhält. Wird die Energie vorwiegend auf die x-Achse verteilt, was durch die Nachbarentitäten von y und z bestimmt wird, muss das Quant eine Reiskornform annehmen, wobei die schwächere

Rückkopplungsenergie sich vorwiegend an den Polen ansiedeln muss. Werden mehrere solcher Quanten auf die Zeitachse geschickt, so entsteht nach der Teilchen – Wellen – Theorie (Doppelspaltexperiment) eine Welle in alle drei Raumrichtungen. Wählt man y zu z relativ groß, so wird die Schwingung quasi in einer Ebene erfolgen, wobei man an den Rotationsfaktor und das Pauli-Prinzip denken muss. So würde zum Beispiel bei einem Impuls von 440 „Reiskornquanten" in der Sekunde der Kammerton A entstehen. Natürlich kann auch y klein gegenüber z sein mit allen Variationsmöglichkeiten. Legt man die x-Achse auf die Zeitachse, so entstehen Longitudinalwellen. Keiner der drei Raumkomponenten und der Zeitachse können je null werden, wenn das Produkt der vier Dimensionen erhalten bleiben soll. So zeigt sich, dass Gravitation und Elektromagnetismus nach der Maxwellschen Theorie auf die gleiche Energie zurückzuführen ist. Begegnen sich zwei Wellen auf der Zeitachse mit einer Phasenverschiebung, so interferieren sie von der Summierung bis zur Aufhebung (Wellenform), begegnen sich Quanten, so rückkoppeln sie in gleicher Weise von der Energiesummierung hin bis zum Gleichgewicht. Alles ist „nur" Programmierung auf Rückkopplungsbasis. Tritt eine Rotation auf, so findet die Chiralität eine einfache Erklärung. Wenn Einstein behauptet, der Raum sei gekrümmt, so heißt das, ein Lichtstrahl kann nie eine Gerade sein. Er ist geschlängelt, da er auf der Zeitachse immer wieder auch seitliche Rückkopplungen erleiden muss und die Lichtgeschwindigkeit kann nicht konstant sein, weil sie auch

Rückkopplungen unterliegt, die die Geschwindigkeit der Lichtquanten hemmt.

Haben wir bis jetzt nur ein einzelnes Quant betrachtet, so stellt sich jetzt die Frage nach dem Zusammenbau höherer Entitäten. Das Prinzip muss das Gleiche bleiben nur auf höheren Ebenen. Koppeln sich Quanten durch ein Programm, das gleiche Energie und Form vermittelt, so ergeben sich Replikationen, Wiederholungen, die sich dann alle zu Verbänden in Myriadengröße zusammenschließen können und eine Gesamtentität bilden. Quanten mit ungleicher Energie und Form müssen ein Gleichgewicht untereinander finden, wobei die Rückkopplung unterschiedlich sein muss.

Das nächste Programm der Natur nach der Quantelung ist also die Replikation, Replikation aber nicht nur einer Form und Energie, sondern aller einzelnen Energiezustände auf den drei Raumachsen und der Zeit. Somit konnten größere Entitäten entstehen zum Beispiel Atome, die durch die Replikation Elemente bildeten. Da zwangsläufig die Elemente miteinander rückkoppeln müssen, die verschiedene Rückkopplungsenergie zueinander haben, entsteht so eine unabschätzbare Variationsmöglichkeit auf immer höheren Ebenen nach dem gleichen Prinzip.

Die Bildung bestimmter Entitäten ist aber nur möglich, wenn die Grundelemente an dem vorgesehenen Entstehungsort und die dazu gehörige Energien vorhanden sind. Das heißt, es musste ein Programm entwickelt werden, das die gezielte Bewegung auf größere Entfernung zueinander möglich machte, die belebte Natur. Würde man Einstein heute fragen, ob Gott würfele, würde er wahrscheinlich antworten, nein, er sitzt am Computer und schreibt neue Programme. Es ist immer wieder erstaunlich, welche raffinierte Lösungen sich der Schöpfer zum Beispiel über Zwischenwirte hat einfallen lassen. Das lässt sich mit Zufall jedenfalls nicht mehr erklären.

Dieses Programm musste die Tatsache berücksichtigen, dass jede Entität, sei sie Energie oder Materie ($E = mc^2$) der Entropie (6) unterliegt. Da jedes Programm, wie im Computer selbst, an „zerfallende" Energie gebunden ist, würde sich das Programm auf der Zeitachse auflösen. Deshalb muss jedes Programm dynamisch und nicht starr sein (keine Singularität!). Mit dem Abbau des Speichermediums durch dauernde wechselnde Rückkopplungen der Umwelt, wird sich auch das Programm ändern, zunächst nur langsam auf der Zeitachse, bis die Funktion erlischt und die Entität nicht mehr erhalten werden kann. Um das zu verhindern, also der Entropie entgegen zu treten, muss das Programm „Updates" erhalten, und zwar aus sich selbst heraus durch Wahrnehmung der Veränderungen und Anpassung. Das geht aber nur begrenzt auf der Zeitachse wegen der Entropie. Deshalb musste ein neues Prinzip programmiert werden. Bevor es zum Funktionsausfall kommt, muss eine Kopie des Programms auf einem neuen Medium erfolgen (zum Beispiel Zellteilung mit Längsspaltung der Doppelhelix). Bis zur Teilung erfolgte Anpassungen werden natürlich auch mit geteilt. Früher glaubte man, Mutationen wären selten und eine Laune der Natur. Nein, sie sind die Regel, und nach dem Vorangesagten auch leicht zu verstehen. Das Grundprogramm bleibt immer erhalten, nur durch Rückkopplungen aus dem gesamten Weltall entstehen Veränderungen. Aus einer Katze wird daher niemals ein Hund und aus einem Affen kein Mensch, was auch daran zu erkennen ist, dass sie sich nicht kreuzen lassen. Ähnlichkeiten entstehen dadurch, dass sich gewisse Entitäten in Form und Funktion als zweckmäßig, das heißt Erhalt für längere Zeit auf der Zeitachse, erwiesen haben, während unzweckmäßige Dinge schnell der Entropie zum Opfer fallen bevor sie sich angepasst haben. Damit kommen wir zur Theorie Darwins.

Darwins Erkenntnisse werden häufig missverständlich interpretiert. Seine Theorie besteht aus vier Hypothesen, die nur im Zusammenhang gesehen werden können. Bekannt ist aber weithin nur die Hypothese 4 mit dem Überleben des Stärkeren. Wenn man sich fragt, was Überleben heißt, sieht man klarer. Überleben ist der längere Fortbestand einer Entität auf der Zeitachse gegen die Entropie entweder durch höhere Energie oder langsamere Entropie dieser Entität bei abnehmender Rückkopplung.

Machen wir ein Gedankenexperiment. Teilen wir einen Gegenstand in zwei Teile. Sagen wir ganz banal eine Wurst. Was passiert? An der Schnittstelle müssen wir je nach Festigkeit (Rückkopplungsenergie) Energie aufwenden, um die Teilung zu erreichen. Da die Teile weiter miteinander rückgekoppelt bleiben, sind sie nicht wirklich getrennt, es hat sich nur ein neues Medium dazwischen geschoben, in diesem Fall Luft mit schwächerer Rückkopplung zu beiden Enden. Für unsere Sinnesorgane sind jetzt zwei Entitäten entstanden.

Wenn wir einen solchen Teilungsprozess immer weiter fortsetzen, so wird sich die Wurst aufblähen zu immer kleiner werdenden „festen" Teilchen mit einer umgebenden schwächeren Rückkopplungsenergie bis hinunter zum Quant. Die Natur ist aber auf dem gleichen Pfeil der Zeit auch den umgekehrten Weg gegangen. Sie hat die Wurst durch Verschiebung aus Energiequanten aufgebaut. Auf- und Abbau können nie das Selbe sein, weil die Zeit immer nur in eine Richtung geht. Es kann nie wieder das Selbe, nur das fast Gleiche entstehen. Darwin hat in seinen Notizen zunächst auch nicht von Evolution gesprochen, sondern von Transmutation of Species. Das Wort Evolution enthält den Unterton von Entwicklung zu etwas Besserem, also eine Wertung. Es ist aber nur eine höhere Differenzierung durch Transformation. Zu allem braucht man nur einen Grundstoff, der programmiert wird und darin liegt die Vereinheitlichung. Die Erkenntnis Darwins ist also richtig, nur am Beispiel der Natur anders ausgedrückt. Mit der Quantelung der Energie, das heißt der Differenzierung, war gleichzeitig die erste Programmierung möglich mit der Energieverteilung der Quanten auf die drei Raumkomponenten und der Zeitachse, wobei sich bei jeder möglichen anderen Energieverteilung wieder große Mengen gleicher Quanten bilden müssen, um größere Entitäten bilden zu können. Ist die Verteilung auf alle Achsen gleich, entstehen Replikationen, die untereinander auch gleich rückkoppeln und somit letztlich zu Elementen werden. Ist die Energie auf den Achsen ungleich verteilt, entstehen Verbindungen mit mehr oder weniger starker

Rückkopplung je nach Euklidischer Konstellation (siehe Festkörperphysik und Chemie). Da alle Entitäten der Entropie unterliegen, wird sich jede letztendlich auflösen. Darwins Auslese heißt also nichts anders, als dass jede Entität auf der Zeitachse eine Begrenzung hat, gleich auf welche Weise die Entropie erfolgt. Der Stärkere hat also eine bessere Abwehr gegen die Entropie wie auch immer. Programmierung als Schöpfungsakt ist eine dynamische. Das Grundprogramm bleibt erhalten, muss aber nach den sich stetig ändernden Umweltbedingungen angepasst werden (Update), was durch Rückkopplungen mit dem Umfeld automatisch erfolgt, also ein Selbstläufer ist. Ein Selbstläufer ist eine Entität, in der das Programm eingebaut ist, also nicht von außen gesteuert werden muss. Ein Selbstläufer ist kein Perpetuum mobile. Er läuft nur solange seine Entropie durch von außen zugefügte Energie ersetzt wird. Ein Computer läuft ja auch nicht ohne Strom. Das ist von großer Bedeutung besonders in der belebten Natur. Tritt dort eine Störung ein, hat das mindestens zwei Ursachen, entweder fehlt es an nachfließender Energie/Materie, oder das Programm selber ist beschädigt. Für die Medizin zum Beispiel heißt das, wie kann man den Energiefluss wieder herstellen oder das Programm reparieren, was wesentlich schwieriger ist, wenn es innerhalb der Entität liegt. Bei vorhandener Energie und den Grundelementen wird also eine fortlaufende Neubildung nach dem entsprechenden Programm erfolgen, fehlt es, wird die Produktion eingestellt. Ein einfaches Beispiel zur Erklärung des Zusammenhangs zwischen Gravitation und Elektromagnetismus. Sie fahren zufällig noch ein Fahrrad mit Dynamo. Schalten Sie den Dynamo ein, verspüren Sie besonders bergauf, dass Sie stärker treten müssen. Sie müssen eine stärkere Rückkopplung also Gravitation überwinden und Sie erhalten Strom aus der gleichen Energie, sie ist nur anders programmiert. Es bedarf keines neuen Stoffes. Das ist ein relativ einfacher Vorgang, den Sie selbst spüren. Unser Verstand hält ihn aber für unheimlich schwierig, weil wir die Zusammenhänge nicht erkennen. Daran ist nicht zuletzt unser Drang schuld, alles in Singularitäten aufzugliedern und nicht mehr im Zusammenhang zu sehen. Alles ist nun einmal miteinander rückgekoppelt. Unsere Erkenntnisse entstehen nicht nur im Zerteilen, sondern auch im Zusammenfügen. Ein Sprichwort sagt: Ein Krug geht solange zum Brunnen bis er bricht. Nun bricht er einmal, die Entität Krug gibt es nicht mehr, aber die Einzelteile und die Energie/Materie bleiben. Je kleiner die Einzelteile sind, umso weniger werden wir noch die Ursprungsentität erkennen. Erkenntnis ist also eine Programmerkennung über Energie/Materie. Unser Gehirn braucht dazu oft Hilfsmittel wie die Mathematik, um Wahrheit zu erkennen. Wahrheit gibt es aber nicht, es gibt nur eine Asymmetrie der Wahrheit, wie der schon erwähnte Physiker Popper es nennt. Es gibt kein entweder oder, nur ein sowohl als auch, da alles miteinander rückgekoppelt ist.

Ein Beispiel wie solche Hilfsmittel auch falsch sein können und trotzdem zu quasirichtigen Ergebnissen führen können, ist die Annahme, plus und plus sowie minus und minus stoßen sich ab, minus und plus ziehen sich an. Wie kann es denn sein, dass im Kern eines Atoms vorwiegend Pluselemente vereinigt sind, die sich doch abstoßen müssten. Das Gleiche gilt für die umgebenden Elektronen. Nein, alle diese Elemente wären für sich alleine neutral, erst durch die Rückkopplung entsteht ein Energiegefälle, wobei das höhere zum niedrigeren fließt je nach Programmierung zum Ausgleich der Kräfte. Jedes Teilchen, was man entdeckt oder künstlich erschaffen hat, existiert nur im Zusammenhang über Rückkopplung, dem zentralen Begriff unseres Kosmos. Erst durch die Zeit entsteht eine Richtung, der Pfeil der Zeit, der uns Dinge erkennen lässt.

Stellen wir uns eine Entität vor, die in alle drei Raumkomponenten die gleiche Rückkopplung hätte, so könnten wir auch über Zeitkomponenten auf der Zeitachse ein Programm schreiben zum Beispiel, wie lange eine Entität bestehen bleiben soll und nach welchem Programm. Schauen wir in die Natur, dieses Prinzip ist die Regel. In der belebten Natur ist es am leichtesten zu erkennen. Warum? Darüber später. Denken wir einmal an den Menschen. Unsere Entwicklung läuft auf der Zeitachse sehr verschieden. Wir sehen als Babys anders aus als jetzt. Gäbe es nicht in jeder Zelle ein Programm, würden wir unentwegt weiter wachsen. Wir wissen, dass das nicht so ist. Unsere Lebensdauer, also unsere Entropie, liegt um die hundert Jahre. Selbst wenn in allen Menschen der gleiche Bauplan vorhanden wäre, so würden wir doch verschieden alt, denn wir haben nicht berücksichtigt, dass dauernde Rückkopplungen durch das Umfeld kommen. Es wird zu jedem Zeitpunkt ein anderes sein und eine andere Entropie, und so werden wir unterschiedlich alt. So sollten wir versuchen, unser Rückkopplungssystem zu erkennen und danach zu handeln, wenn wir länger leben wollen. Davon sind wir aber noch weit entfernt. Wir müssen die Energieversorgung kennen und das dazu erforderliche Programm.

Die Verwirrung über Aufbau und Funktion der Gene liegt darin, dass wir nicht unterscheiden können zwischen dem inneren Programm in der Zelle, das auf der Zeitachse versucht, sich gegen die Entropie konstant zu erhalten, und den Rückkopplungen von außen. Da alles rückgekoppelt ist und jede Entität ein offenes System sein muss, ist alles zwar kausal aber nicht reduktionistisch und vorhersagbar, da sich alles auf der Zeitachse in jedem Augenblick wieder ändert. Der Nachweis, dass es so sein muss, zeigen uns die Fossilien, die über Jahrtausende nur leichte Veränderungen also Anpassungen zeigen, aber vom Grundprinzip gleich blieben. Darwins wichtigste Erkenntnis scheint mir nicht das Überleben des Stärkeren zu sein, sondern seine Feststellung auf den vielen Galapagosinseln, die die Fortpflanzung vorwiegend nur auf der jeweiligen Insel erlaubte, da eine Durchmischung wegen der Wasserbarriere nicht möglich war. Da die Umweltbedingungen auf den verschiedenen Inseln sehr unterschiedlich waren, war das Erscheinungsbild durch den Anpassungszwang verändert, aber das Grundprogramm blieb erhalten.

Warum erkennen wir in der belebten Natur dieses Prinzip leichter? Je mehr Rückkopplungen eine Entität hat, umso mehr Änderungen sind möglich, negativ gesehen Fehler. Je weniger Energie eine Entität hat, desto schneller ist ihre Entropie, da das Programm auf einen Datenträger geschrieben sein muss und auch nur von einem Datenträger mit Energie ausgeführt werden kann. Die Nanotechnik ist eine tolle Idee, ihre Schwierigkeit liegt nur darin, ein Trägersystem zu finden, auf das ein ausreichendes Programm geschrieben werden kann und der Entropie lange widersteht. Es ist sicher noch ein weites Feld zu erforschen, wenn man bedenkt, auf welcher Größenordnung Leben bis hinunter zu den Mikroorganismen, Bakterien und Viren möglich ist. Vom Mikrokosmos bis hinauf zum Makrokosmos lässt sich somit mit den drei Raumkomponenten und der Zeitachse alles erklären. Ich möchte sogar noch weiter gehen als logische Folgerung. Wenn es eine Teilung gibt, muss es vorher Bindungen gegeben haben. Warum sollte aus der Teilung nicht wieder Konzentration entstehen, wenn das Gesetz der Energieerhaltung richtig ist.

Leben auf anderen Planeten lässt sich doch rein logisch entscheiden, wenn man die Umweltbedingungen kennt. Da der ganze Kosmos gequantelt sein muss, ist es nur eine Frage, was wir unter Leben verstehen. Es ist nur ein Begriff menschlicher Verständigung, in der Realität des Weltalls gibt es ihn nicht. Was da kreuscht und fleugt ist für uns Leben, also eine Absprache, keine Wirklichkeit. Alles bewegt sich aber durch ständige Rückkopplung von Energien. Leben, was wir erkennen und so einordnen, sind Entitäten, die sich, wie die Naturforscher es nennen, in sogenannten biologischen

Nischen bewegen. Das heißt, diese Entitäten haben ein Umfeld, in dem sie ihr Erhaltungspotential auf der Zeitachse lange erhalten können, also mit entsprechender Energie und entsprechendem Programm. Sind diese Bedingungen nicht vorhanden, können keine vergleichbaren Entitäten entstehen, aber sicher andere in einer anderen biologischen Nische. Ein Bespiel auf unserer Erde. In der Tiefe des Meeres an Vulkanschloten entstehen Lebewesen bei hoher Temperatur, die statt Sauerstoff Schwefel verstoffwechseln.

Versuchen wir nun den Makrokosmos nach gleichen Prinzipien zu beschreiben, denn es besteht ja nur ein gradueller Unterschied. Gehen wir vom Urknall aus. Was besagt das Wort Urknall? Es kann nicht bedeuten, dass davor nichts war. Es kann nur bedeuten, die Entität Kosmos in dieser Form hat hier begonnen auf der Zeitachse. Wäre nicht schon Energie da gewesen, die in sich und zum Umfeld schon Rückkopplungen gehabt hätte, wie sollte denn ein Knall entstehen. Ein Knall ist der Beginn einer Umverteilung der Energie auf der Zeitachse. Wie zuvor gesagt, beinhaltet jede Entität die Grundvoraussetzung des Produktes aus den drei Raumkomponenten und der Zeit. Wäre nur eine der Multiplikanden null, so wäre alles nach unserer Mathematik null. Also braucht jede Entitätsbildung Zeit zur Entstehung. Das wiederum bedeutet, es muss eine Trägheit der Masse und Energie geben. Der Knall hat zwar in einem Bruchteil einer Sekunde begonnen, breitet sich aber immer noch weiter aus, was uns die Rotverschiebung des Sternenlichts zeigt. Solange wir diese Rotverschiebung erkennen können, ist noch kein Gleichgewicht über die Entropie erreicht. Was passierte nach dem Urknall? Die Energie flog radial in alle Richtungen. Die Energie musste zu diesem Zeitpunkt spätestens gequantelt sein, sonst hätte eine Trennung der Energie nicht auf so niedrigem Energieniveau erfolgen können. Erinnern wir uns, dass Quantelung die Aufteilung der Energie in kleine Pakete bedeutet, auf einen festen Kern und eine umgebende schwächere Hüllenergie, die verbindend zwischen den starken Energiepaketen liegt. Aus der Erfahrung wissen wir, dass Bruchstellen immer am Ort der schwächsten Bindung liegen, was ja auch logisch ist. Erst wenn diese schwache Bindung aufgebraucht ist, wird die starke Bindung herangezogen werden (Kernspaltung). Die Energie flog aber damals nicht in ein Vakuum, denn dieses kann es wegen der Rückkopplung nicht geben. Sie traf bereits auf vorhandene gequantelte Energie mit der sie rückkoppeln musste und weiter rückkoppeln muss bis zum Gleichgewicht. Da beim Urknall ein nahezu quasigleicher Impuls in alle Richtungen ausging, mussten sich auch Entitäten bilden mit quasigleichem Wert auf der Zeitachse, so dass sich Replikationen bildeten und sich wegen ihres quasigleichen Energieinhalts und auch ihrer gleichen Rückkopplungsform leicht zu größeren Komplexen, Elementen zusammenkoppeln konnten. Da die zentral ausgehende Energie auf ihrem Ausdehnungsweg verschiedenen Entitäten begegnete, mit denen sie rückkoppeln musste, mussten auch die verschiedensten mehr oder weniger großen Entitäten entstehen. Da jede Entität vom Quant bis zum größten Sternenhaufen ein Programm enthält, die Verbindung von zwei Quanten in verschiedener Stellung zum Nachbarn ist ja bereits ein Programm, sind unzählbare Entitätenkonstellationen möglich mit unzählbaren Zeiten von Entropie. Alles versucht in ein Gleichgewicht zueinander zu kommen, dabei haben sich bestimmte Formen als länger lebensfähig herausgestellt wie zum Beispiel die Rückkopplung in sich selbst, die Ellipse mit dem Sonderfall des Kreises oder die Rotation mit der Stabilisierung im Kreisel. Diese Elemente finden wir immer wieder bei der Beobachtung unserer Umwelt. Das sind nur Beispiele von vielen Versuchen der Natur, die Entropie zu verkleinern.

Wenn das Weltall auseinanderdriftet, dann bedeutet das, dass die Rückkopplungen der einzelnen Entitäten zueinander immer schwächer werden müssen. Wegen der Dichteabnahme wird auch ein Lichtstrahl immer gerader werden und auch schneller je nach dem, wie stark die Rückkopplung noch ist. Sie wird sich einem Grenzwert nähern, der klein aber niemals null sein kann. Logisch gedeutet heißt das, die Lichtgeschwindigkeit kann nicht konstant sein! Das wissen wir ja auch aus der Tatsache des Tunnelns.

Ein ganz wichtiger Faktor zum Aufbau von Entitäten ist die Notwendigkeit von Energiedifferenzierungen. Würde sich das Weltall nicht ausdehnen, würden irgendwann keine neuen Rückkopplungen entstehen und somit auch keine neuen Entitäten. Alles miteinander ist ein folgerichtiges, logisch erkennbares Programm.

Kehren wir noch mal zu unserem Wurstexperiment zurück.

So wie wir Luft zwischen die einzelnen Wurststückchen gefügt haben, so können wir diese auch wieder entziehen, allerdings jetzt auf der inzwischen fortgeschrittenen Zeitachse. Übertragen wir diesen Vorgang auf die Quanten und die daraus entstandenen Entitäten. Da sich der Kosmos ausdehnt und nach außen vom Kern des Urknalls eine Energieminderung pro Raumeinheit eintritt, wird sich ein Sog entwickeln, da alles vom höheren Potential zum niedrigeren fließen muss. Dazu wird erst die schwächere Hüllenergie herangezogen werden. Die Kerne rücken dadurch enger aneinander und rückkoppeln auch stärker. Folglich wird sich hohe Energie auf kleinstem Raum zusammenfügen mit entsprechend großer Gravitation. Diese Gravitation wird dann den Zeitpunkt erreichen, wo selbst das Licht nicht mehr entweichen kann, es entsteht ein schwarzes Loch. An der Oberfläche bildet sich dann ein sogenannter Ereignishorizont, wie Schwarzschild es nannte, womit auch angedeutet wurde, dass hier noch Rückkopplungen erfolgen. Was passiert nun weiter bei zunehmender Energiekonzentration? Die im schwarzen Loch enthaltene Energie besteht aus einer Vielzahl unterschiedlicher Energiepakete mit unterschiedlichen Rückkopplungen, die sich zunehmend zerquetschen bis eine Instabilität entsteht, und es erfolgt ein neuer Urknall innerhalb des alten Gesamtsystems des Universums. Wir kennen diesen Vorgang, wenn man eine rotglühende Glaskugel plötzlich abkühlt, so dass sich die Moleküle nicht mehr komplett ordnen können. Es entstehen innere Spannungen und bei der kleinsten Energiezufuhr zerspringt die Kugel in viele Teile. Zurück, von diesem Kernpunkt aus breitet sich die Energie wieder radial aus, rückkoppelt mit dem Umfeld einem neuen Gleichgewicht entgegen, was der Bildung eines neuen schwarzen Loches entgegenkommt. Das gleiche Spiel kann wieder beginnen mit den gleichen Programmen aber den unterschiedlichsten Quantenkonstellationen, denn bei den unendlich vielen Variationsmöglichkeiten wird sich wohl nie wieder die gleiche Kombination zeigen. Ein neuer Urknall wird also immer dann auftreten, wenn die Entropie des alten Kosmos einen Grenzwert gegenüber dem sich neu bildenden schwarzen Loch überschritten hat. Es kann nie einen Urknall des gesamten Kosmos geben, da dieses Ereignis aus schon vorhandener Energie mit Rückkopplung zum schwarzen Loch entsteht.

Fassen wir nochmals zusammen, was die vereinheitlichte Theorie ausmacht und was sie sagt:
1. Es gibt nur eine Energie. Diese ist gequantet.
2. Erst durch die Quantelung entsteht die Möglichkeit der Programmierung und der Bildung von Entitäten auf verschiedenen Ebenen. Die Quantelung und die Programmierung sind daher auch letztendlich der entscheidende Schöpfungsakt.
3. Die Quantenenergie ist auf die drei Raumachsen und die Zeitachse verteilt, wobei sie unterschiedlich hoch sein kann, da ein Quant ein offenes System ist.
4. Ist die Energie eines Quants auf die vier Achsen gleichmäßig verteilt, werden sich Replikationen bilden,

also Quanten in gleicher Form und Größe.
5. Ist die Energie eines Quants auf den vier Achsen ungleich verteilt, können unterschiedliche Entitäten entstehen.
6. Da Energie als Teilchen wie auch als Welle betrachtet werden kann, wird bei ihrer Verteilung vorwiegend auf eine Achse, eine Welle entstehen, so das Gravitation und Elektromagnetismus nur noch eine Frage der Programmierung sind.

Soweit meine „Vereinheitlichte Theorie". Sie muss sich nun an der Realität bestätigen und bewähren. Sie muss noch viel mehr. Um nochmals Popper zu zitieren, bei jeder Theorie muss immer wieder versucht werden, sie zu falsifizieren, um neue Erkenntnisse zu erhalten. Ich hoffe, Sie haben eine neue Sicht bekommen und Anregungen, die Welt besser zu verstehen.

Anhang

Um Missverständnisse zu vermeiden, sollen einige Begriffe nochmals besonders beschrieben werden, damit der Leser weiß, was darunter verstanden werden soll. Dabei werden sich Wiederholungen nicht vermeiden lassen. Begriffe, die nachfolgend nicht aufgeführt werden, sind für das Verständnis nicht so wichtig und könnten eher zu Verwirrung Anlass geben. Übersehen Sie sie einfach, Der Fortgeschrittene aber weiß, was damit gemeint ist. Es soll auch keine alphabetische Ordnung erfolgen, lieber aus dem Zusammenhang heraus entstehen. Dafür sind im Haupttext die Begriffe mit einer Nummer in Klammern versehen, die das Auffinden erleichtern sollen.

1. Quant

Quant kommt aus dem Lateinischen und bedeutet so viel wie eine kleine unbestimmte Menge. Es wird im Sprachgebrauch für die verschiedensten Dinge verwendet. Daher ist es in der Physik besonders wichtig, dass wir alle, Leser und Verfasser das Selbe darunter verstehen, denn es ist ein Schlüsselwort der ganzen Theorie. Die Erklärung muss daher einfach und unmissverständlich sein. Schauen Sie in Fachliteratur werden Sie bald verzweifelt aufgeben.

Eine Reihe der ganz großen Forscher wie Max Planck und Albert Einstein haben auf verschiedenen Wegen erkannt, dass

Energie nicht kontinuierlich sondern immer in kleinen Paketen eben den Quanten auftritt. Hieraus entstand so die bekannte Quantentheorie. Für die meines Erachtens einfachste Erklärung haben der Deutschamerikaner James Franck und der Deutsche Gustav Hertz den Nobelpreis erhalten. Nach ihnen ist der Nachweis als Franck-Hertz-Versuch in die Literatur eingegangen. Alle diese Erkenntnisse zeigen die gleichen Grundeigenschaften. Ein Quant ist eine Energiemenge von verschiedener Form und Größe, so wie in einem Sack Kartoffeln kein einziges Stück wie das andere ist. Trotzdem nennen wir jedes Stück eine Kartoffel.

Halten wir fest: *Jedes Quant ist eine Energiemenge, die sich in jedem Augenblick in Form und Größe ändern kann und muss.*

Die Ursache dafür ist die Rückkopplung (siehe diese). Eine weitere wichtige Eigenschaft eines Quants ist, es hat einen festen inneren Kern mit hoher Energiekonzentration und eine schwächere äußere Hülle mit geringerer Energie. Das bringt ihm die Möglichkeit, leichter mit der Umgebung zu kommunizieren, denn es muss lückenlos ankoppeln, ein Vakuum gibt es nicht. Jede Entität lässt sich, wie zuvor behauptet, durch die drei Raumkomponenten und die Zeit beschreiben. Viele Entitäten haben aber durch ihre Form Schwierigkeiten lückenlos aneinander zu koppeln. Sie „suchen" daher nach Lückenfüllern. Einer der bedeutendsten ist das Wasser, ohne das wir nicht leben könnten. Warum? Es ist schnell und leicht rückkopplungsfähig genau richtig, um prompt einzuspringen. Im Atommodell wird es dargestellt durch eine große Kugel, den Sauerstoff, der mit je zwei angehangenen kleineren Wasserstoffkugeln in einem bestimmten Winkel zueinander gekoppelt ist. Dieser Winkel soll 104,45 Grad betragen. Das kann aber nur für ein absolut unabhängiges Molekül gelten, also eine Singularität, die es nicht geben kann. Da alles rückgekoppelt sein muss, muss sich auch dieser Winkel ständig ändern, wie sollte sich sonst die Lücke exakt füllen. Wasser ist daher das ideale Bindemittel, aber auch Lösungsmittel.

Es gibt kein entweder oder, nur ein sowohl als auch. Spüren Sie nicht inzwischen immer mehr, dass sich alles über Raum und Zeit erklären lässt? Sie dürfen jedoch nicht anfangen, mit Zahlen zu rechnen, sonst verlieren Sie die Übersicht.

2. Offenes System

Wenn wir ein Quant so sehen, das es sich in Form und Größe jederzeit ändern kann, dann heißt das, es kann Energie aufnehmen oder abgeben und beliebig seine Form ändern und anpassen. Es muss sich also seiner Nachbarschaft öffnen. Wäre es komplett abgeschlossen, was man als Singularität bezeichnen würde, dann wäre keine Veränderung mit der Zeit möglich.

Ein einfaches Beispiel. Sie drücken einen Schwamm in Ihrer Hand zusammen. Es entsteht um den Schwamm herum kein Vakuum. Der „leere Raum" wird sofort durch die umgebende Luft aufgefüllt. Öffnen Sie die Hand wieder, wird die gleiche Luftmenge wieder verdrängt. Diesen Akt nennen wir eine

Rückkopplung und ist nur möglich, wenn alles ein offenes System ist. *Die Rückkopplung ist ein weiteres wichtiges Schlüsselwort, was wie verstanden haben müssen.*

3. Entität

Eine Entität ist ein Sammelbegriff. Allem was uns abgrenzbar erscheint, vom Mikrokosmos bis zum Makrokosmos, geben wir einen Namen mit Wiedererkennungswert. Wenn wir das Wort Mensch aussprechen, weiß jeder, was er darunter verstehen soll. Aber kein Mensch ist wie der andere. In der Jugend sieht er anders aus als im Alter. Viel schlimmer. Spätestens nach jedem Atemzug sind Sie ein anderer. Sie haben zum Beispiel Sauerstoff aufgenommen und Kohlensäure abgegeben. Zellen sind abgestorben und neue haben sich gebildet. Wir brauchen also Merkmale, die wir speichern und immer wieder korrigieren müssen. Merken wir uns: *Eine Entität ist ein Erscheinungsbild aus Energie oder Materie auf der Zeitachse, also ändert sich mit der Zeit.* Sagen wir also lieber Quasi-Entität, was heißt, in einem sehr kurzen Zeitraum nehmen wir an, dass noch keine nennenswerte Veränderung eingetreten ist. Das führt zu dem Begriff der Zeit.

4. Zeit

Wir alle glauben zu wissen, was Zeit ist. Für unsere Theorie müssen wir aber einen genauer festgelegten Begriff definieren damit wir uns gegenseitig richtig verstehen. Auch hier spielt wieder Einfachheit und Unmissverständlichkeit eine Rolle. Zeit ist ein Existenzbegriff. Einstein hat erkannt, dass es ohne diesen Faktor nichts geben kann, denn erst auf der Zeitschiene beginnt etwas zu existieren. Zeit ist der Maßstab für Veränderungen so wie Länge, Breite und Höhe. Erst aus dem Produkt von Länge, Breite, Höhe und der Zeit lässt sich die Bildung von Entitäten erklären. Würde es die Zeit nicht geben, hieße das: Länge x Breite x Höhe x 0 und das gibt immer null. Soviel Mathematik muss sein. Ich glaube, dass es eine gute Veranschaulichung ist, wenn man die Zeit wie eine Perlenschnur betrachtet auf die eine Neubildung oder Veränderung und ihre Lebensdauer aufgereiht wird. Alles muss am Anfang der Schnur eingefädelt werden, wenn die Kontinuität der Schnur erhalten werden soll. Alles ist daher kausal und geht nur in eine Richtung. Man sagt daher, die Zeit hat einen Pfeil, sie kann nicht rückwärts gehen. Unser Gehirn hat nur nicht die Fähigkeit, alle Zwischenschritte vom Anfang bis zum Ende zu erkennen und zu verfolgen, und wir reden dann im heutigen Sprachgebrauch von Zufall. Unsere Vorfahren, die das Wort kreierten, haben damit etwas anderes und logischeres gemeint. Das Wort Zufall setzt sich zusammen aus den Begriffen „zu", also die Richtung angebend, und „fallen", die Bewegung bezeichnend. Wir werden unter Rückkopplung sehen, dass wir die Perlenschnur der Zeit nicht wirklich durchtrennen können.

5. Rückkopplung

Was bedeutet das? Es ist die Verbindung zweier beliebiger Entitäten. Wir reden von mechanischer Verbindung, chemischer Bindung, Gravitation oder elektromagnetischer Rückkopplung. Allen gemeinsam ist die Bindung aneinander, die natürlich auch untereinander unterschiedlich stark sein kann und muss. Dazu muss jede Entität ein offenes System sein (siehe dort), das heißt, sie muss einen Halt zu ihren Nachbarn finden, um existent zu sein. Früher hat man geglaubt, es müsse ein Medium geben, das man Äther nannte, der alles miteinander verband. Man fand ihn nicht und glaubte dann, der Raum müsse leer sein. Auch das ist falsch. Diese Gedankengänge sind noch in den Aufzeichnungen von Einstein zu lesen. In der Realität hat aber jedes Quant seine eigene Energie, die das Andocken an die Nachbarquanten ermöglicht und zwar lückenlos, da es in Raum und Zeit flexibel ist, um so seine Existenz gegen die Entropie zu verlängern. Es braucht überhaupt keinen allumfassenden Äther, kein Vakuum oder sonst ein Hilfsmittel zu geben, um eine logische Erklärung abzuleiten. Wir brauchen aber noch einen anderen Begriff, um die Zusammenhänge des Weltalls zu verstehen, die Entropie.

6. Entropie

Der Begriff wird sehr unterschiedlich interpretiert, je nachdem aus welchem Blickwinkel man es sehen will. Wir wollen eine simple, verständliche Form aus den Hauptsätzen der Thermodynamik wählen, für die Clausius den wesentlichsten Grundgedanken herausstellte. Er umkreiste mit dem Begriff Wärmetod die Welt und erzeugte damit Aufsehen und Ängste. So wie er es darstellte wird es ihn nicht geben. Inhalt ist: *Energie fließt immer vom höheren Potential zum niedrigeren bis keine Differenz mehr besteht.* Diese Tatsache können wir überall beobachten, jedenfalls bei unserem jetzigen Kosmoszustand. Ihr Kaffee wird sich, wenn Sie ihn nicht schnell genug trinken, der Raumtemperatur angleichen. Was wir da erkennen können, kann auf der Zeitachse unterschiedlich schnell ablaufen. Ursache ist die Rückkopplung von den Quanten bis zu großen Entitäten. Verfällt diese Rückkopplungsenergie sehr schnell der Entropie und das Gleichgewicht ist erreicht, wird sich nichts mehr bewegen, da eine Entität immer aus einer Differenz von Energiewerten besteht. Ist keine Differenz mehr da, ist auch keine Entität mehr da. Das heißt aber nicht, dass auch keine Energie mehr da ist, sie bleibt nach dem ersten Hauptsatz der Thermodynamik immer erhalten. Wir können sie nur nicht mehr wahrnehmen. Die Natur hat nun durch Programmierung Wege gefunden, diese Entropie zu verzögern. Ganz verhindern kann sie sie nicht. Damit kommen wir zum Begriff der Programmierung.

Merken wir uns noch zusammenfassend:
Energie fließt immer vom höheren Niveau zum niedrigeren über die Rückkopplungen der Quanten.

7. Programmierung

Erinnern wir uns noch mal an Hypothese 2. Alle Energie des gesamten Kosmos ist gequantelt, muss gequantelt sein, um überhaupt Entitäten bilden zu können. Was heißt nun bilden? Bilden heißt programmieren. Programmieren ist Veränderung durch ein System herbeiführen. Das heißt nicht, dass jedes Programm logisch und sinnvoll sein muss. Ist es nicht sinnvoll, wird es sich nicht über längere Zeit auf der Zeitachse erhalten können und der schnellen Entropie verfallen. Ist Ihnen schon mal bewusst geworden, dass alle Arbeit nichts mehr ist als Programmieren, bewusst oder unbewusst? Arbeit, die wir häufig als mehr oder weniger unangenehm empfinden.

Erinnern wir uns auch noch mal an die Verteilung der Energie eines Quants. Sie kann auf die drei Raumachsen unterschiedlich verteilt programmiert werden, so dass das Quant unterschiedliche Form und auch Größe annehmen kann. Will es aber auf der Perlenschnur der Zeitachse aufgereiht werden, muss es sich entsprechend der zu bildenden Entität mit den Nachbarquanten (streng gesehen des ganzen Kosmos) rückkoppeln. Das braucht Zeit und somit auch die Rückbildung oder Entropie. Die Programme müssen daher häufig sehr komplex sein, besonders in der belebten Natur. Ein Programm muss nicht nur die Rückkopplungen innerhalb der Entität berücksichtigen, sondern auch noch die sich dauernd ändernden Rückkopplungen von außen, dazu gehört auch unser Einfluss, der einzige Ansatzpunkt, den wir freien Willen nennen. Vergessen dürfen wir darüber hinaus auch nicht die Programmierung auf der Zeitachse selbst. Ein einfaches Prinzip, aber doch insgesamt sehr komplex, so dass wir schnell den Überblick verlieren. Würden wir diese Programme kennen und verstehen, würden wir viele Probleme lösen können. Der Arzt der Zukunft wird ein hochintelligenter Hacker sein, hoffentlich ein guter und gerechter, der unser menschliches Genom zu überschauen vermag, fehlerhafte und Fehler verursachende Elemente des Programms heraustrennen und ein richtiges Ersatzprogramm einfügen kann. Ein Arzt, der auf den Totenschein Herz- Kreislauf-Versagen schreibt, weiß die wirkliche Todesursache nicht. Herz-Kreislauf-Versagen ist Folge nicht Ursache des Todes. Todesursache ist immer der Zusammenbruch des in uns verankerten Programms und den daraus folgenden Abbaukaskaden auf der Zeitachse.

Haben Sie sich schon mal überlegt, warum eine relativ kleine Menge von Krebszellen, die ein fehlerhaftes Programm enthalten, mit ihrem eigenen Programm, die große Masse des Körpers zu Tode bringt? Diese kleine Menge ist keine Singularität. Sie rückkoppelt mit allen anderen Zellen des Körpers und somit auch des original Körperprogramms. Beide Programme sind auf der Zeitachse nicht lebensfähig, beziehungsweise die durch sie wirkenden Programmierungen. Das Originalprogramm und das Krebszellenprogramm müssen beide untergehen. In der Genforschung ist dieser Ablauf inzwischen verstanden und die ersten positiven Erfolge sind in den letzten Wochen veröffentlicht worden. Was fehlt, ist noch das entsprechende Werkzeug, Reparaturen am Genom vornehmen zu können. Die Zukunft ist hier hoffnungsvoll.

Einige meiner Ausführungen mögen Ihnen widerspruchsvoll und unrealistisch erscheinen. Versuchen Sie sie dennoch einmal gedanklich durchzuspielen. Der Widerspruch liegt oft nur in den verschiedenen Sichtweisen und ist am Ende gar kein Widerspruch. Ich wünsche Ihnen Erfolg, damit das Lesen und Durchhalten sich gelohnt hat.

Lassen Sie mich zum Schluss Albert Einstein zitieren: Physik ist im Wesentlichen eine intuitive und konkrete Wissenschaft. Die Mathematik dagegen ist nur ein Mittel, um die Gesetze zum Ausdruck zu bringen, die die Phänomene beherrschen.

Was mir am Herzen liegt, ist Wissen der großen Forscher auch für Normalbürger verständlich zu machen, und das geht nicht über die Mathematik, die aber sicher unentbehrlich ist.

Schematische Darstellumg eines Quants

(ohne Berücksichtigung der Entropie)

Rückkopplung auf allen Achsen gleich
Quant als Teilchen quasistabil

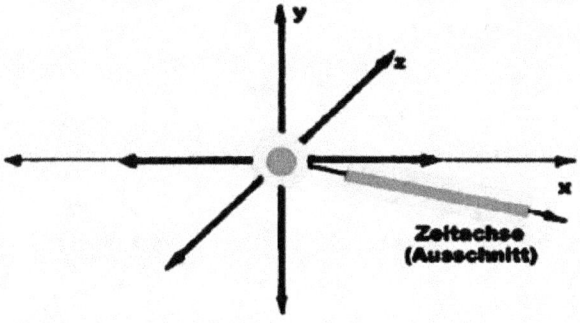

Rückopplung auf x - Achse groß,
auf y - und Z - Achse klein

Quant als Teilchen vorwiegend auf
der x - Achse beweglich

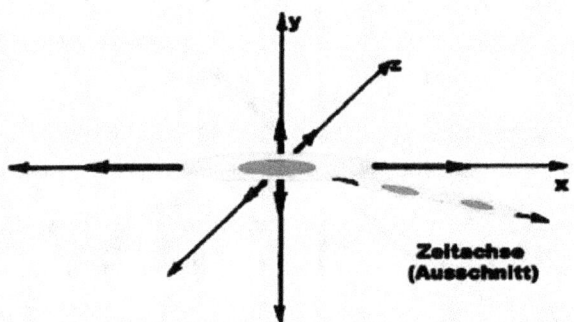

Rückkopplung auf x - Achse wechselnd,
auf y - Achse groß, auf z - Achse klein.

Quant als Welle vorwiegend auf der
x - Achse beweglich

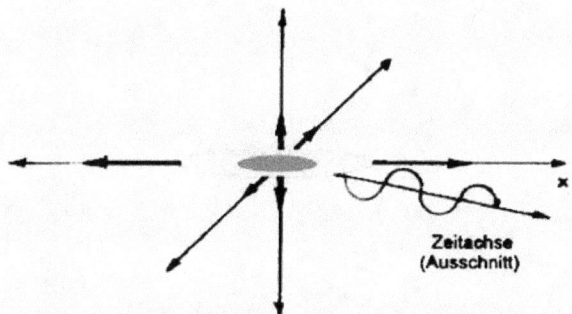

Zeitachse
(Ausschnitt)

Die folgenden freien Seiten sollen Symbol sein für jeden, auch für Sie, hier weiterzumachen, wo diese Theorie aufhört. Denn jede Theorie ist durch eine bessere, zumindest ergänzende, zu ersetzen.

www.ingramcontent.com/pod-product-compliance
Lightning Source LLC
Chambersburg PA
CBHW050026230526
45470CB00003B/1143